版权专有 侵权必究

图书在版编目（CIP）数据

孩子读得懂的逻辑思维 / 苏晓琳著；猫妖绘. --北京：北京理工大学出版社，2022.6
ISBN 978-7-5763-1182-2

Ⅰ.①孩… Ⅱ.①苏…②猫… Ⅲ.①逻辑思维—少儿读物 Ⅳ.①B804.1-49

中国版本图书馆CIP数据核字（2022）第049994号

出版发行 / 北京理工大学出版社有限责任公司	
社　　址 / 北京市海淀区中关村南大街5号	
邮　　编 / 100081	
电　　话 /（010）68914775（总编室）	
（010）82562903（教材售后服务热线）	
（010）68944723（其他图书服务热线）	
网　　址 / http://www.bitpress.com.cn	
经　　销 / 全国各地新华书店	
印　　刷 / 三河市金元印装有限公司	
开　　本 / 889毫米×1194毫米　1/16	
印　　张 / 10.5	责任编辑 / 徐艳君
字　　数 / 130千字	文案编辑 / 徐艳君
版　　次 / 2022年6月第1版　2022年6月第1次印刷	责任校对 / 刘亚男
定　　价 / 59.00元	责任印制 / 施胜娟

图书出现印装质量问题，请拨打售后服务热线，本社负责调换

前言
PREFACE

同学们，你们是否常常有这样的疑问：为什么太阳东升西落？为什么夜晚的星空有时明亮有时暗淡？为什么月亮是时圆时缺的呢？

能观察到这些现象，说明你已经是生活中的有心人了。

这些现象在我们身边周而复始，我们能注意到它们，却不太经常去想每一种现象的背后有着怎样的潜在逻辑。

逻辑，这个词你一定不陌生，爸爸妈妈是不是常常教你做事要讲究逻辑？而我们学习各种知识无非是为了明确各类事情的规律，这样的规律就是事情的逻辑。

毫无疑问，拥有一个成型的逻辑体系是每个人的追求，而逻辑体系的完善与否决定着一个人做事能力的大小。可以说我们每天在学校学习各种文化知识的目的都在于此。

在你的心目中，柯南和福尔摩斯是不是智慧的化身？你或许曾经被柯南说出那句"真相只有一个"时帅气的动作，抑或是福尔摩斯冷峻外表下的准确思考征服。当大侦探在推理的时候，他们用自己的逻辑思维为你回放了发生过的事情，而他们所用到的，不过是你也能观察到的几个微不足道的细节。你或许也想拥有他们那样的火眼金睛，你非常羡慕他们可以剥茧抽丝地解答你无法解答的问题……其实藏在他们脑中的，不过是严密的逻辑关系和非常充实的数据量。

这本书就是要将你带进逻辑思维的大门，介绍10种我们日常生活中最常见的思维模式，有环环相扣的因果思维，有化繁为简的归纳思维，有发挥想象的抽象思维……每一种思维模式的背后都有其特有的运转流程，每一章我们都像庖丁解牛一样，让你清清楚楚地看到其内部构造，并且用生动的事例帮助你理解。百闻不如一见，百看不如一练，在每一章的后面，还有5道有趣的逻辑思考题供你检验一下自己学习的情况。

当闯过10个逻辑思维的关口之后,蓦然回首,你会发现自己身上已然发生了许多不易察觉的变化:你做起作业来更加得心应手;完成作业后还可以有计划地做自己想做的事情;你聊天的内容让同学更感兴趣了;老师和爸爸妈妈都欣喜于你的成长……

你是否已经迫不及待了?那就让我们集中精力,一起推开逻辑思维的大门吧!

目录
CONTENTS

第一章　让一切顺其自然：因果思维　　　001

第二章　从0到1的技术：创造思维　　　015

第三章　只喝甘蔗汁，不吃甘蔗渣：过滤思维　　　029

第四章　聪明人的逆法则：逆向思维　　　043

第五章　开启未知世界的钥匙：试探思维　　　057

第六章　思维的阶梯：渐进思维　　　071

第七章　高级的思考方法：抽象思维　　　087

第八章　一叶知秋：归纳思维　　　103

第九章　名侦探思考法：分析与综合思维　　　117

第十章　最重要的是整整齐齐：比较与分类思维　　　131

答　案　　　147

第一章

让一切顺其自然：因果思维

暴雪天的惊心历险——因果思维

小猪八戒在去西天取经之前,总想着在高老庄安安稳稳地种地,不为别的,就为了一个字:吃。猪以食为天,在高老庄住着,想吃啥,种就得了。

有这么一天,小猪八戒听说有一种食物叫榴莲。据传,榴莲外形就像一个长着刺的西瓜,闻起来虽然很臭,但是吃起来又香又甜。小猪八戒可是咽了不少口水。但是,没有榴莲的种子,该怎么吃到它呢?

小猪八戒冥思苦想,突然灵机一动,对了,不是说榴莲长得像西瓜吗?那我就先种下一颗西瓜的种子吧!于是,小猪八戒怀揣着对美食的梦想,在地里种下了一颗西瓜种子。同学们,你们说说看,小猪八戒能种出榴莲吗?原因是什么呢?

带着这个问题,让我们了解第一种思维方式——因果思维。

种瓜得瓜,种豆得豆

想要了解因果思维,我们就要知道什么是因果关系。

因果关系就是指两件事情的发生存在关系。

如果前面事情的发生导致了后面事情的发生,那么,这两件事情之间就存在着因果关系。

回到我们在今天一开始讲到的小猪八戒种榴莲的故事,他能种出榴莲吗?

让我们想一想,种西瓜的种子和结出榴莲果实,这两件事情的发生是否存在因果关系?

聪明的你一定知道,两件事情之间不存在因果关系。

所以,恐怕他的美食梦想要落空喽。

正所谓,"种瓜得瓜,种豆得豆",讲的也是这个道理。

因果关系在我们的生活中非常常见,比如:

敲鼓之后,鼓会发出声响。

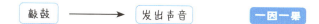

上课不认真听讲，下课不好好复习，晚上没有休息好，导致最后考试成绩不理想。

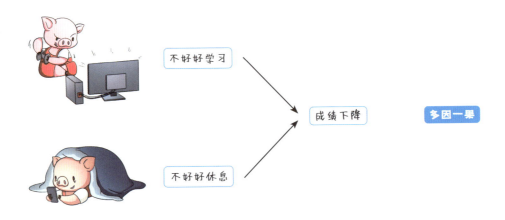

温室效应，导致冰川融化，部分动植物灭绝，气候改变。

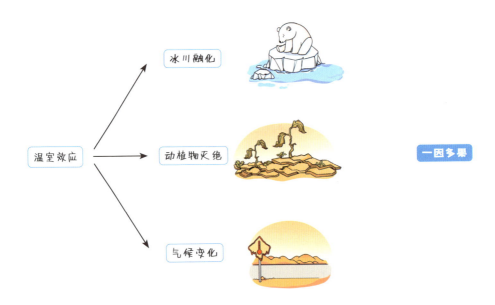

你还能试着列举一下身边存在着因果关系的事情吗？

小侦探李福尔的烦恼

小侦探李福尔最近有些苦恼。到底发生了什么事情呢?

原来,上周五在放学回家的路上,他经过一家宠物商店。宠物商店里有好多可爱的小动物,有小狗、小猫、龙猫,还有小兔子。在这些可爱的小动物中,李福尔一眼就看中了一只小黄狗——它胖乎乎的,长着大大的眼睛,两只小耳朵是三角形的,四只爪子上各有一处黑点。李福尔忍不住摸了摸它,毛茸茸的,手感舒服极了!小黄狗也很喜欢李福尔,不光冲他摇尾巴,还伸出小舌头使劲舔李福尔的手掌心。好想把它领回家啊,李福尔心里想。

回到家,他就迫不及待地说了他的想法,想把小黄狗领回家当宠物。爸爸听后,没有同意,也没有拒绝,而是说:"家里新添一位成员不是一件小事。这样吧,我给你三次机会,你要是有充分的理由说服我,我就同意你把小黄狗领回家。"

本来前两次,李福尔都自信满满,但是爸爸总是微笑着摇摇头,表示理由不够充分。眼看剩下最后一次机会了,要是再说服不了爸爸,那他就跟小黄狗无缘了。不过,爸爸倒是给了一个提示,让他利用因果思维来考虑考虑。

李福尔冥思苦想,把作为小侦探的看家本领都用了个遍。

他灵光乍现,拿起笔写了一通,然后找爸爸进行了第三次理由阐述。这次,爸爸听了很满意。李福尔高兴极了!终于可以把小黄狗领回家了!

同学们,你知道李福尔是怎么利用因果思维说服了爸爸吗?

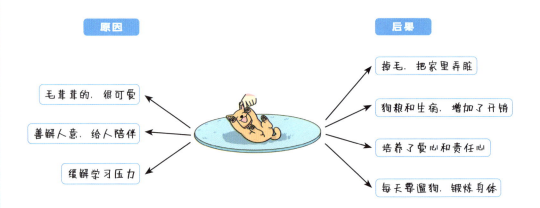

上面的这幅因果图,就是李福尔的制胜法宝,你看明白了吗?

我们仅仅知道因果思维是不够的,还要能够活用因果思维。我们在思考时多想两步:往前一步好好琢磨做事情的原因,往后一步仔细想想做事情会产生的后果或者结果。

小侦探李福尔运用因果思维,往前一步,充分考虑了自己想要养一只小黄狗的原因;往后一步,考虑到了给家中增加的问题。

对把家里弄脏、增加的开销,他愿意主动打扫卫生和刷碗来弥补,也自告奋勇地承担起了每天遛狗的任务。

这样一位有爱心、有责任感的小朋友提出的诚恳请求,谁又能拒绝呢?

上课睡觉就找不到好工作了

同学们,看到这一节的题目,你的心里是不是一惊,心想:我好像上课睡过觉,这可怎么办?

小侦探李福尔,最初跟你们有着一样的想法。

事情是这样的:有一次,李福尔因为早上要遛小狗,所以起得特别早,加上当天上午是数学课,又枯燥又难懂,所以瞌睡虫就来骚扰他了。

一开始,他还挣扎着瞪大眼睛好好听讲,可是脑袋还是止不住地一点点往下沉。终于,李福尔没挺住,在数学课堂上睡着了。

上课睡觉的后果,就是他很快被数学老师发现了。老师气冲冲地把他叫醒道:"放学后叫你家长来我办公室一趟。"

虽然没了瞌睡劲,但李福尔心里直嘀咕:"完了,妈妈来接我放学,又少不了一顿批评,唉……"

果不其然,从老师办公室里出来,一直到回到家里,一路上妈妈都在批评他:"你上课怎么能睡觉呢?上课睡觉了,你肯定就没听到老师讲什么。没好好听课,下一次考试你肯定考不好。下一次考试考不好,到时候初中怎么能考上呢?考不上初中,你就上不了好高中和大学,没有大学文凭,你以后肯定没有一份好工作啊!"

听着妈妈这一连串的批评,李福尔有点头晕,只记得"上课睡觉,以后就没有好工作"这句话了。真的是这样吗?

李福尔可是一名小侦探,侦探最擅长什么事?那就是运用思维武器,独立思考!

妈妈说的每一件事情之间一定存在着因果关系吗?相同的原因只能产生一种结果吗?相同的结果是一种原因导致的吗?

妈妈是出于关心,想要李福尔认识到上课睡觉的严重性,但是,就妈妈刚刚的那段推理而言,其实是不严谨的,错用了每一件事情之间的因果关系,犯了一种叫作"滑坡谬论"的逻辑错误。

滑坡谬论就是在一连串因果关系中,夸大了可能性,强制把没有因果关系的两件事联系到一起,导致最后的结果与最初的原因不存在必然的因果关系。

所以上课睡觉不一定导致长大之后找不到好工作。

当然,不存在必然的因果关系,也不意味着我们就可以在上课时睡大觉啦!不管怎么说,好好学习,打好知识基础,才是我们现在最应该做的事情。

? 题练思维

❶ "燕子低飞蛇过道,蚂蚁搬家山戴帽。"这是我国古代劳动人民的智慧结晶,想象这幅画面,你能说出这种自然现象蕴含怎样的因果关系吗?

❷ 一起动手做实验吧!我们准备如下物品:生鸡蛋一枚,一杯清水,一袋食盐。把生鸡蛋放入水中,然后往水中加食盐,观察现象,了解其中的因果关系。

❸ "诗仙"李白曾写过一首古诗《夜宿山寺》:"危楼高百尺,手可摘星辰。不敢高声语,恐惊天上人。"

运用本章学习的因果思维,你能找到古诗中的因果关系吗?

❹ 1960年,英国一个农场的10万只鸡、鸭,由于吃了大量发霉的花生而得了癌症死去。1963年,有人用发霉的花生喂了大白鼠、鱼、雪貂,这些动物也得了癌症死去。这些动物的品种、生理特征、生活条件以及事件发生的时间都不相同,但都吃了大量发霉的花生。试着搜集一些资料,作出你的分析吧!

❺ 福尔摩斯回到家,发现自己家中的烟斗被偷走了。警察找到了A、B、C、D四个盗窃犯罪嫌疑人,其中有一人是罪犯。

A说:"我不是小偷。"

B说:"C是小偷。"

C说:"小偷肯定是D。"

D说:"C在冤枉好人。"

现在已经知道这四人中有三人说的是真话,一人说的是假话。那么请你帮福尔摩斯想想,到底谁是小偷。

第二章

从0到1的技术：创造思维

亲爱的同学们，中国是有着悠久历史的文明古国。在这片广袤的土地上，从古代起就诞生了许多伟大的发明，而在这些琳琅满目的古代发明中，最耀眼的当数"四大发明"——火药、印刷术、造纸术和指南针。

这些或伟大或生活化的发明，都离不开今天我们要讲到的思维方式——创造思维。

创造思维是一种从0到1，从无到有的思维方式。技术的产生、历史的进步和文明的发展都不离开它的推动。下面就让我们一起体验创造思维的神奇吧！

夜则观星，昼则观日，阴晦则观指南针
——创造思维很重要

指南针最早叫作司南，它早在战国时期就出现了。

司南是用天然的磁石雕琢而成的，外形像一把勺子，底部圆滑，可以在方形的地盘之中自由旋转。使用时，在地盘上轻轻拨动司南，司南就会转动起来，当它停下来的时候，勺头指向就是北方，勺柄指向就是南方。

在古代，由于磁石的产量有限，而且制作司南的技术难度较大，司南并没有得到广泛应用。到了宋代，由于水路交通需要辨别方向，人们迫切需要一种能够便于携带且精度较高的指引方向的工具，为此发明家们绞尽了脑汁……

经过大量的实践和反复的改进，指南"针"诞生了。

既然磁石产量有限，那就寻找替代品吧。于是，人们通过把铁加热，让铁具有磁性。体积太大怎么办？那就把钢铁加工成一根小小的针，把这根具有磁性的针放置在指甲或者碗沿上让它保持平衡，它就会开始旋转，当它停下来的时候，就能指明南北。

指南针被发明出来后，在航海上得到广泛应用。

宋代笔记《萍洲可谈》中讲到，舟师"夜则观星，昼则观日，阴晦观指南针"，意思就是航海时为了辨别方向，晚上就观测星星，白天就观察太阳，阴天就要依靠指南针了。所以，指南针又被称为"水手的眼睛"。

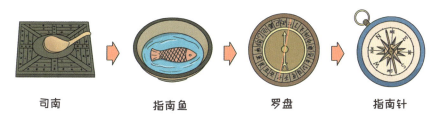

司南　　　指南鱼　　　罗盘　　　指南针

同学们，通过这个有关指南针的小故事，你看出创造思维的重要性了吗？

创造思维就是一种利用已知信息组成新的信息的思维方式。就像是缝衣针和磁石之间，它们本来是没有任何关联的两种物品，但经过创造思维的处理，指南针就诞生了。后来指南针技术的传播，推动了地理大发现和世界航海事业的发展。

今天，我们坐在家中就能吃到来自智利的车厘子、澳大利亚的大龙虾、新西兰的奶粉、美国的蔓越莓……指南针可是功不可没的呢，而这也是创造思维的力量。

曹冲称象
——创造思维很灵活

某服装品牌有一句著名的广告语,叫作"不走寻常路"。这个广告语跟创造思维的特点真是不谋而合。

还有很多描述创造性的成语,你能想到几个呢?

独辟蹊径、独具匠心、别出心裁、别出机杼……你是不是也想到了这些?那你还能列举出描述创造性的反义词吗?

聪明的你一定很快就想到了吧。

照猫画虎、如法炮制、鹦鹉学舌、千篇一律……通过对比这两组成语,你应该已经发现了创造思维最大的特点,那就是灵活性。正是这种思维方式的灵活性,让我们才能够发现和想出最有创意的点子。

大家还记得《曹冲称象》的故事吗?

三国时期,吴国的孙权给曹操送来了一头大象,曹操十分开心,带着儿子曹冲和文武百官一起去看。

大象又高又大,身子像一堵墙,腿像四根柱子。

于是曹操就提出一个问题:"谁有办法把这头大象称一称?"

有人说:"得造一杆大秤,砍一棵大树做秤杆。"也有人说:"办法倒有一个,就是把大象宰了,割成一块一块地再称。"曹操听了直摇头。

曹操的儿子曹冲才七岁,他站出来,说:"我有个办法。把大象赶到一艘大船上,看船身下沉多少,就沿着水面在船身上画一条线。再把大象赶上岸,往船上装石头,装到船下沉到画线的地方为止。然后称一称石头，石头有多重，大象就有多重。"

曹操微笑着点一点头，最后用这种方法果然称出了大象的重量。

曹冲当时只是一个七岁的孩子，但他能很好地运用创造思维，灵活地把称大象的问题转变成了称石头的问题，从而轻松地达成了称出大象重量的目的。曹冲可以做到，通过多加练习，相信你也可以做到。

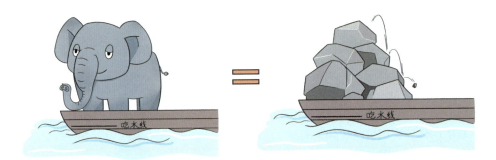

永动机
——创造思维的可行性

听了今天的故事,有的同学可能就会想了:"原来这就是创造思维啊!那我就想熊大和熊二常常到家里陪我玩游戏;喜羊羊每天替我写作业;哈利·波特挥一挥魔法棒,把我的房间瞬间变整洁……"

以上这些新奇的想法到底是不是创造思维呢?让我们再来读一个小故事吧。

在 13 世纪的印度,人们开始有了创造永动机的念头。

永动机就是一台设备通过轴承的连接,各个器械协同联动,不需要外界的力量就可以永远处于运行状态。它可以一直举起重物,一直不停地自由运动,一直为人们创造利润……这样一劳永逸的机器轻易就俘获了众人的心。然而拥有一些科学常识的人都知道,由于能量守恒定律的存在,能量既不会凭空产生,也不会凭空消失,它只会从一种形式转化为另一种形式,或者从一个物体转移到其他物体,而能量的总量保持不变。

当然,能量守恒定律在 1475 年才开始被研究,直到 19 世纪才得到了科学界的普遍认可。这一时间明显要晚于永动机开始被研究的 13 世纪。

发明永动机的想法是好的,但是因为其违背了基本的科学原理,所以直至

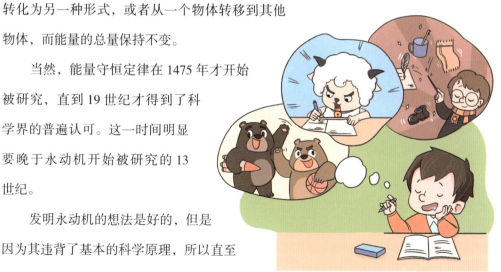

今天，永动机也没有问世。

由此可知，创造思维不是天马行空地胡思乱想，只有能够实现的，才具有创造性，才能被创造出来。

现在你明白什么是创造思维了吗？接下来让我们再一起巩固一下今天的收获吧。

题练思维

❶ 在一次考试中,胖虎会做试卷上所有的题目,然而他频频偷看其他同学的试卷,这是为什么?(脑筋急转弯哦,不要被固有思维限制。)

❷ 有一串数字:2,3,4,5,6,7,8,9。你能想到这串数字表示一个什么成语吗?

❸ 福尔摩斯给华生安排了一项任务:有两个水桶,容量分别是5升和6升,利用这两个水桶如何能准确地从水池中舀出3升水?

❹ 用下列词语写一段话,要求每个词语必须出现至少一次,可重复;语句通顺,言之成理。

荷塘、叶子、美人、歌声

❺ 有一位在伦敦工作的证券经纪人,他有一个人人都羡慕的富裕美满的家庭,可他突然在结婚的第17年,为了画画,抛弃了在外人看来很好的事业和家庭,孤身前往巴黎。请你以此为基础,充分利用创造思维,讲一讲接下来会发生的故事吧。

第三章

只喝甘蔗汁，不吃甘蔗渣：过滤思维

贝克街的惊魂夜——过滤思维

同学们，你们动手榨过甘蔗汁吗？甘蔗非常坚硬，但是汁水很香甜。把甘蔗榨出汁之后，甘蔗渣和甘蔗汁是混在一起的。要想喝到顺滑香甜的甘蔗汁，又不吃到甘蔗渣，你能想到什么好办法呢？

对了！我们可以找一个滤网，把混在一起的甘蔗汁和甘蔗渣倒入滤网里，这样甘蔗渣就被滤网给过滤出来了！

我们这一章要讲的内容就是我们头脑中的滤网——过滤思维。

不给皇帝面子的魏徵

唐太宗李世民在位期间开创了"贞观之治"的盛世,政治清明,百姓富足,社会稳定。魏徵是唐朝著名的政治家,以敢于直言进谏闻名。

贞观十四年,唐朝已经国力昌盛,享誉海内外,群臣争相谄媚,对唐太宗歌功颂德。而魏徵在这时向唐太宗呈上一篇文章——《十渐不克终疏》。

这篇文章里主要列举了唐太宗从当皇帝之初到现在的变化,指出他有十个方面的缺点,比如玩物丧志、追求享受、亲小人远忠臣……其他大臣知道后,议论纷纷,有人认为魏徵做得太过分了,全然不顾皇帝的颜面,甚至向唐太宗提出要严惩魏徵……

同学们,换位思考一下,如果在你取得了不错的成绩时,你身边的人从头到脚、从内而外地指出你的不足和缺点,你会怎么样呢?是生气地走开,还是撸起袖子跟他大吵一架?抑或是静下心来,思考他指出的缺点并逐一改正?

如果你的选择是后者,那么恭喜你,你已经在运用过滤思维了,你有着像唐太宗一样的智慧。

因为唐太宗的做法和你的选择是一样的。

唐太宗作为一国之君,他的职业目标就是国家昌盛。所以

他在听取大臣们意见的时候,评判的标准就是是否有利于国家发展,而不是意见是否逆耳。

对魏徵提出的意见,他并没有被自己愤怒、不满的情绪影响,而是先过滤掉了其他大臣对魏徵的谴责,又过滤掉了自己的负面情绪,客观地去看待这些意见。也正是得益于唐太宗的从谏如流,各方人才会聚唐朝,才成就了唐朝几百年的辉煌。

好了,故事讲到这里,你们一定对过滤思维有了初步的认识。

过滤思维正如它的名字一样,是一种筛除没有用的信息,而留下最重要、本质的信息的思维方式。

聪明的亚马逊创始人

古时候人们用信件来传递信息,现在我们可以通过视频、微信、短信等互联网工具传递信息。庞大的信息量,甚至数以亿计。你随机挑一个词语进行搜索,相关的信息都是千万条甚至上亿条。

亿是怎样一种数量单位呢?

世界上最高的山峰是珠穆朗玛峰,海拔是 8848 米。

你可以拿起身边的一张 A4 纸,1 亿的概念就是用 1 亿张纸摞起来,高度会超过珠穆朗玛峰!所以,如果我们不学会使用过滤思维,要想从海量的信息中找出自己所需的,那基本上是大海捞针了。

那么到底应该怎么搜索我们需要的信息呢?看完下面的故事或许你就明白了。

亚马逊是一家全球性的网上购物商城,为了卖出更多商品,网站的创始人杰夫·贝索斯开始主动向人们推销商品。那么应该向什么人推荐什么样的商品呢?

刚开始的时候,亚马逊通过对购物人群感兴趣的商品进行调查,再以兴趣作为推荐商品的标准。

但是按照这个标准运营一段时间后,发现效果并不是太明显。

于是贝索斯决定调整策略,更换推荐的标准,改为以购物人群的实际需求作为标准,即根据浏览记录、购买记录等数据筛选出他们所需的目标商品,再进行进一步的推荐。

这种做法非常成功,亚马逊的销量至少提高了 30%。与其类似的商品推荐系统,在后来出现的各种购物网站中得到了广泛应用。

试着选一个你或者你家里人经常使用的购物网站,看看"你可能感兴趣的商品"板块推荐得准不准。

亚马逊的事例告诉我们，使用过滤思维，最重要的是要有合适的标准。

标准是什么呢？

标准就像筛子上的网眼，当你面前有一堆大大小小的谷物混杂在一起，而你想要筛选出小米时，那像黄豆一样大的筛子网眼就肯定不合适了。

好了，现在你知道应该怎样利用互联网去搜索你需要的信息了吗？

 ## 小小学霸

哈利·波特是英国作家J.K.罗琳笔下的小小魔法师,当他刚成为霍格沃茨魔法学校一年级新生的时候,他什么魔法都不会使用,作为一名人类和魔法师的混血麻瓜,甚至经常被同学嘲笑。

但是,哈利·波特最终还是成为打败反派伏地魔的大魔法师。

大魔法师可不是一天练成的,无论环境多么艰难,哈利都坚持不懈地学习"飞来咒""漂浮咒""除你武器"等咒语,经过反复练习,除了"呼神护卫"咒语,他全都熟练掌握,并且可以随心所欲地使用了。然而他一直无法自如地召唤自己的守护神,这让他倍感挫败。

不过,哈利没有陷在自我满足与自我否定中,而是反复练习"呼神护卫"这个咒语,

最终成功召唤出他的守护神——牡鹿，打败了摄魂怪。

这只是哈利不断进步的一个小片段，但在这个小片段中你发现过滤思维的影子了吗？

过滤思维是一种涉及"筛"和"选"的思维方法，哈利运用过滤思维时，先是通过了解所有咒语，选出自己擅长的和不擅长的咒语，再对不擅长的咒语进行反复练习，最终成为一名优秀的大魔法师。

这样看来，过滤思维在我们的学习中还真是大有用处呢。

在学习过程中运用过滤思维，可以通过做习题、考试等方法筛选出已经掌握的知识，以及还不熟悉的知识，然后就可以花更多的时间和精力去攻克那些不熟悉的知识，从而提高学习效率，事半功倍。

好啦，接下来我们再来练习练习，相信熟练掌握过滤思维的你，一定能成为一名学习有方法的小小学霸。

❓ 题练思维

❶ 找不同。

❷ 重庆、广州、青岛、南京、上海，福尔摩斯准备来场说走就走的旅行，他打算先去一个中国的沿海城市，并且城市在中国的北方，那么他会选择上面哪座城市呢？

❸ 林黛玉的妈妈生了三个孩子，个个冰雪聪明，名字中都有一个"玉"字。其中最大的孩子叫林大玉，第二个孩子叫林二玉，那么第三个孩子叫什么？

❹ 将100颗绿豆和100颗黄豆混在一起后，再一分为二。如果想要使A堆中的黄豆数量等于B堆中的绿豆数量，需要怎么进行分配呢？你有没有好的想法？

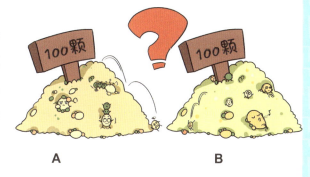

❺ 已知★×★=★+★，那么★的数值应该是多少呢？

第四章

聪明人的逆法则：逆向思维

餐厅里的古怪钟——逆向思维

看到我们这章的题目,有的同学可能已经在心里窃喜:哎呀!终于遇见一个我非常会用的思维方式了,不就是反其道而行之嘛!如果你是有这种想法的同学,那么恭喜你……你还真猜得八九不离十!

逆向思维是我们日常生活中最常见的,当面对问题暂时没有解决思路的时候,常常需要从问题的另一面进行切入。同学们应该已经接触过方程的问题了,方程的解题思路就是一个典型的逆向思维方式。那么逆向思维是如何建立使用的呢?下面我们就来一起看看吧。

把灰尘吹起来？

1898年，美国人约翰发明了一台除尘的机器，它是利用压缩机把灰尘吹到容器里。

到了1901年，英国土木工程师布斯在伦敦的一次展会上看到了这种除尘器。在展示中，灰尘被吹起，重新落到椅子上，除尘效率不仅非常低，扬起的灰尘甚至令现场更脏了，参观的观众被呛到难以呼吸。

布斯认为这种办法太不高明了，有没有什么办法能改进一下呢？

布斯决定反其道而行之，不再用吹的方式除尘，而改用吸的方式。

布斯先是做了一个很简单的实验来验证他的想法：将一块手帕蒙在嘴巴和鼻子上，用嘴巴对着手帕吸气，结果手帕上附了一层灰尘。参照这个实验结果，他最终发明出吸尘器，用强力电泵把空气吸入软管，通过布袋将灰尘过滤。

后来通过不断改进，吸尘器终于走进千家万户，成为人们打扫卫生的好帮手。

英国人布斯发明吸尘器的过程，其实就是逆向思维的过程。

吹起灰尘和吸起灰尘是两件截然相反的事，当吹起灰尘的做法被证明不合适的时候，那就反过来想一想，结果是柳暗花明又一村，效果是出奇的好。

所以，逆向思维就是与一般思路反方向而行，从而解决问题的思维方式。

当你遇到一道百思不得其解的题目时，千万不要一味地钻牛角尖，不妨用逆向思维试一试吧！

漏油的圆珠笔

1938年,匈牙利人拜罗发明了圆珠笔,圆珠笔便于携带,书写方便,一时间十分流行。

但是这种笔在流行几年之后,使用的人越来越少了。原来,圆珠笔有一个非常大的缺点,那就是漏油。在写了2万字左右以后,笔尖的珠子会因为磨损而掉出来,于是墨水就漏出来了。

为了改进笔珠,许多人投入了大量的时间和精力,甚至用到宝石来做笔珠。宝石极为坚硬,笔珠的磨损问题是解决了,但与笔珠接触的部分因为不那么坚硬而被磨损,于是圆珠笔漏油的问题依然存在。就在大家一筹莫展的时候,日本的一位发明家想出了一个巧妙的方法。

你能不能先试着运用逆向思维想一想他用了什么方法呢?

这种方法说起来有些好笑……圆珠笔既然写到2万字左右就会漏油,那让圆珠笔写不到2万字不就行了吗?所以,这位发明家设计减少了笔管中油墨的容量,从此以后,圆珠笔中的油墨到用完的时候就不会漏油了。

在这个故事里,日本的发明家找出了圆珠笔漏油这种现象产生的条件,反其道而行之,让这个条件不成立,那么也就不会出现圆珠笔漏油的现象了。这种转换条件的逆向思维你明白了吗?

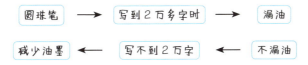

盲人点灯

一提到盲人点灯，你可能马上就会联想到一句歇后语：瞎子点灯——白费蜡。但下面的故事可能会启发你从新的角度看待盲人点灯这件事。

从前有个盲人，他是一名更夫。在古代，更夫是每天夜里敲竹梆子或锣来报时的人。

白天，盲人更夫在路上行走不用担心被别人撞到，因为其他人都看得见。但是到了晚上，特别是天刚黑的时候，路上还有很多行人，由于光线弱，经常会有人把他撞倒，他的竹梆子、钱袋等随身物品就会散落一地。想要把掉落的东西捡起来可就没那么容易了，他经常要在地上摸索半天。

这个问题有没有办法解决呢？

他尝试过很多方法，比如在身上系个铃铛，走在路上就会发出声响；他也尝试着穿色彩鲜艳的衣服，令自己在昏暗中更醒目一些。但是实践证明，他的这些方法效果都不太好……忽然有一天，他灵机一动，想到了一种巧妙的方法，用了这种方法之后，他再也没被人撞到了。

聪明的你一定已经想到了这种方法了！

对了，就是在傍晚走路的时候提一盏点亮的灯笼。虽然盲人自己看不见灯光，但是其他人可以清楚地看到他，被撞到的问题就这样简单地解决啦。

盲人的这种方法正是逆向思维的产物。在遇到问题的时候，将自己和其他人所处的位置调换一下，就柳暗花明啦。

逆向思维不仅可以通过变换条件、变换位置实现，也可以通过变换时间、空间，或者改变缺点等来实现。

现在用你那双善于观察的眼睛来找找看，生活中有没有什么可以通过逆向思维来解决的问题呢？

暂时没有想到也不要紧，通过下面的练习，来加深对逆向思维的理解吧。

❓ 题练思维

❶ 小福尔摩斯经常沉迷于侦探小说而不做作业,爸爸总是不停地催促他完成作业,但收效甚微。当爸爸换了一种表达方式,小福尔摩斯竟然积极主动地去完成作业了,你知道爸爸是怎么做的吗?

❷ 学校准备组织一场篮球比赛。按照比赛规则,5个班级进行循环赛,各个班都要比一场。

比赛结果如下:一班2胜2负;二班0胜4负;三班1胜3负;四班4胜0负。你能根据这些班级的成绩,推出五班的成绩是怎样的吗?

❸ 福尔摩斯、华生、警长三人正在安排自己的假期出行计划,已知他们三人中有一人要去云南丽江,有一人要去广西桂林,还有一人要去安徽黄山。现在能够肯定的是福尔摩斯不去云南丽江,华生不去安徽黄山,而警长既不去广西桂林也不去安徽黄山。那么他们三人的旅游目的地分别是哪里呢?

❹ 在古代有一位母亲，她有两个儿子，大儿子开染坊，小儿子做雨伞生意。可她天天闷闷不乐，晴天时她就愁小儿子卖的雨伞无人问津，雨天时他又担心大儿子染的布无法晾干。后来一位邻居对她说了一句话，让她烦恼全无，你能想到邻居说了什么吗？

❺ A、B、C 在上学路上捡到一块手表并交给了学校老师，老师问三人这块表是谁捡到的。

A 说："这块表不是我捡到的，也不是 B。"

B 说："不是我，也不是 C。"

C 说："不是我，我也不知道是谁捡到的。"

如果每个人的两句话都有一句为真，一句为假，那么这块表到底是谁捡到的？

第五章

开启未知世界的钥匙：试探思维

蓝宝石失窃案——试探思维

如果你的手边现在有纸和笔,请你拿起来。现在想象一下:如果把你现在已经掌握的知识看成一个圆,你掌握的知识越多,圆就可以画得越大。你的圆可以画多大呢?一张A4纸够不够?一面墙那么大的纸够用吗?一个足球场那么大的纸够不够呢……

同学们,在画圆的时候你们有没有发现,不论你的圆画得有多么大,圆之外的空间始终比你画的圆更大。

所以,吾生有涯而知无涯。

相比我们已经掌握的知识,我们没有掌握的知识、不了解的事情始终是更多的。在面对广袤的未知世界时,我们就需要拿出今天的思维武器——试探思维,去探索这个美丽而未知的世界。

摸着石头过河

"摸着石头过河"原是一句民间歇后语,这句话的完整版应该是:"摸着石头过河——踩稳一步,再迈一步。"

这句歇后语中蕴含的道理显而易见,就是在遇到未知的事情,面对新事物的时候要试探着,一步一步地探索。

我们课本中《小马过河》的故事也讲了这样的道理。一匹小马和妈妈住在马棚里,有一天,妈妈对小马说:"你已经长大了,能帮妈妈做点事吗?"小马连蹦带跳地说:"怎么不能?我很愿意帮您做事。"妈妈高兴地说:"那太好了,请你把这半口袋麦子驮到磨坊去吧。"

小马驮起麦子,飞快地往磨坊跑去。跑着跑着,一条小河挡住了去路,河水哗哗地流着。小马为难了,心想:我能不能过去呢?如果妈妈在身边,问问她该怎么办,那多好啊!

他向四周望了望,看见一头老牛在河边吃草。小马嗒嗒嗒地跑过去,问道:"牛伯伯,请您告诉我,这条河我能蹚过去吗?"老牛说:"水很浅,刚没小腿,能蹚过去。"

小马听了老牛的话,立刻跑到河边,准备过河。

突然,从树上跳下一只松鼠,拦住他大叫:"小马,别过河,别过河!河水会淹死你的!"小马吃惊地问:"水很深吗?"松鼠认真地说:"深得很呢!昨天,我的一个伙伴就是掉进这条河里淹死的!"

小马连忙收住脚步,不知道怎么办才好。

当然,后面的故事,你一定知道了,小马跑回家问了妈妈,决心自己尝试,最终成功过了河。但是，如果当时妈妈不在家，又没有其他人帮助，小马应该怎样安全过河呢？你能不能给小马出个主意？

如果小马想要安全地过河，那试探思维就能大显身手了。

小河每个地方的深浅肯定是不一样的，有的地方水深，有的地方水浅。小马在过河的时候，可以试探着踩一踩他认为安全的河底的石头，如果石头足够稳固，且位置不深，那么说明这一步是安全的，小马就可以放心地走。每一步都这样试探着向前，小马最终就能安全地过河啦。

最后我们来总结一下。当我们在面对全新的环境和问题时，可以运用试探思维，先从一小步开始，提出设想中的解决问题的方法，然后在实际行动中去验证这种方法是否正确。

问雉兔各几何

鸡兔同笼问题，是我国著名的趣味数学题。它来源于1500多年前的《孙子算经》，在这本书中，这道题目是这样描述的：

今有雉兔同笼，上有三十五头，下有九十四足，问雉兔各几何？

雉就是鸡，兔就是兔子。这个题目用现在的话说就是：现在有鸡和兔子在一个笼子里，有一个小朋友数了数，一共是35个头、94只脚。那么问题来了，请问，这个笼子里一共有多少只鸡，又有多少只兔子呢？

这样的题目，你可能在做数学作业的时候遇到过。当时你是用什么方法算出这道题的呢？今天，我们就尝试着用试探思维来算一算吧。

为了降低难度，我们把鸡和兔子的数量减少：假设笼子里一共有5个头、12只脚，那么鸡和兔子各有多少只呢？

第一步： 我们先假设，这5只都是鸡，数一数它们一共有几只脚。

第二步： 没错，一共有 10 只脚。但题目里是 12 只脚，所以 5 只肯定不全是鸡，那我们就需要开始下一步的试探。

第三步： 再来假设有 4 只鸡，1 只兔子的情况，数一数一共多少只脚。

第四步： 对了，一共 12 只脚！跟题目中脚的数量是一样的！恭喜你，得到了正确答案。笼子里一共有 4 只鸡和 1 只兔子。

接下来，你自己试着算算《孙子算经》中的鸡兔同笼问题吧。

当然，在本章试探思维之前，我们已经一起了解过很多思维方法了，你可以尝试着结合几种思维方法，找出更简便的解题方法哦。

# 腰带上的密码

密码起源于公元前 400 多年的欧洲，最早是用来在战争时传递信息的。

相传雅典和斯巴达之间的战争已进入尾声，为了获得雅典和波斯之间的军事密码，斯巴达军队截获了一名从波斯帝国回雅典送信的雅典信使。斯巴达士兵经过仔细搜查，只搜出一条布满杂乱无章的希腊字母的普通腰带。

情报究竟藏在什么地方呢？

斯巴达军队的将领想，既然信使身上除了腰带什么也没有，那情报一定就藏在腰带上。他反复研究这些天书似的字母，尝试了很多做法。难道是把这些字母重新排列？或者对照字母表写出字母的顺序？最后，这位将领边思考边无意识地把腰带螺旋着缠绕在手中的剑鞘上时，奇迹出现了！

原来腰带上那些杂乱无章的字母，竟组成了一段文字，这段文字就是重要的情报！

利用这份情报，斯巴达军队准确知道了波斯和雅典发起攻击的时间，从而一举击溃两支军队，取得了战争的最后胜利。

斯巴达的将领在尝试破译腰带上的密码时，使用的就是试探思维，通过尝试不同的解密方法，最终得到了情报。

不过，让我们再进一步想，如果将领没有找到正确的解密方式，那隐藏的谜底还能揭开吗？

那当然就不能了。所以，我们在使用试探思维的时候，一定要向着可能正确的方向去尝试，否则，南辕北辙的话，除了浪费时间一无所获。

接下来，为你准备了一道密码题，请你尝试看看能不能解开。

7　　15　　15　　4
10　　15　　2

给你两个小提示：（1）谜底是两个英文单词；（2）背一背英文字母，看看能不能找到灵感。

先不要看答案哦。

谜底马上揭晓

答案：按照英文字母表的顺序，7对应的字母是G，15对应的字母是O，依次找到题目中对应的字母。所以谜底就是：GOOD JOB！

随着密码学的发展，后来又出现了掩格密码、棋盘密码、恺撒密码等。在我国古代，密码也能被文人们玩得超浪漫呢。

下面这首诗是唐寅的作品，你来破译一下吧！

我画蓝江水悠悠，
爱晚亭上枫叶愁。
秋月溶溶照佛寺，
香烟袅袅绕经楼。

题练思维

❶ 钢铁侠、绿巨人、美国队长、黑豹四人的血型各不相同。钢铁侠说:"我是A型。"绿巨人说:"我是O型。"美国队长说:"我是AB型。"黑豹说:"我不是AB型。"这四人中只有一人说了假话。

请问下面哪种情况成立?

A. 不管谁说了假话,都能推算出四人的血型。

B. 可以推出绿巨人的话假。

C. 可以推出美国队长的话假。

D. 可以推出黑豹的话假。

❷ 学校举办公开课活动,孙悟空和儿子孙小圣一起上课。课上老师提了一个问题:"孙小圣,你面前有6个立方体木块,如何摆放能使得每2个木块都有表面相连?"孙小圣被问蒙了,回头看着爸爸,而孙悟空此时一脸尴尬……同学们,你能帮帮孙小圣吗?

❸ 有13个小球,从外面看完全一样,但其中有一个球重量与其他球不同,轻重不知,如何用天平快速地将这个不同的小球找出来?

❹ 仔细观察下面这组数字：

$$283 \quad 568 \quad 479$$
$$19 \quad 38 \quad ?$$

观察数字规律，"?"处的数字应该是多少？

❺ 有火柴拼成的1+1+1+1=141，移动1根火柴，可以使等式成立吗？

第六章

思维的阶梯:渐进思维

侦探挑战书——渐进思维

罗马非一天建成，所有重大的改变总是在润物细无声的过程中发生的，对一件需要很长时间才能完成的事，最重要的并不是速度，而是可持续性。

我们这章要聊的思维方式，看标题就知道，是一种阶梯式思维。

渐进思维，就像我们头脑中的台阶，它帮助我们从低到高，从表入里，挑战高峰。

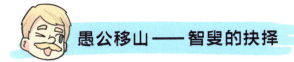

愚公移山——智叟的抉择

在很久以前，中原有太行和王屋两座高山。这两座山位于冀州南边、黄河北边，占地方圆七百多里，山高七八千丈。

在这两座山的北山脚下，住着一位叫愚公的老人，他已经90多岁了，每次出门，都要绕过面前的两座大山，走很远很远的路。于是，有一天，他召集全家人开了一个家庭会议，他说："这两座山让我们绕路实在太辛苦了，所以，咱们一起努力，把大山挖平，让道路能够直达黄河南边，好不好？"大家纷纷表示赞同。

这时，愚公的妻子提出了一个疑问："你已经90多岁了，凭你的力气，像魁父这种小山都不能铲平，更何况是太行和王屋这两座高山呢？再说了，铲平大山的土和石头，该放哪里呢？"经过讨论，大家说可以把土和石头扔到渤海的边上。

意见达成一致后，愚公带领能挑担子的三个儿孙上了山，开始了铲平大山的工程。他们凿石头，挖泥土，用畚箕运到渤海边上。邻居寡妇有一个七八岁的儿子，也蹦蹦跳跳地去帮他们干活。冬去秋来，一年的时间他们才能在山和海之间往返一次。

在河曲住着一个自诩聪明的老头，他嘲笑愚公，想要阻止他们的搬山工程，说道："你们真的是太愚蠢了。你都90多岁了，你残存的时间和力气，连山上的草都除不干净，更何况是石头和泥土呢？"

愚公听了他的话，长叹道："你的思想可真是太顽固了，连孤儿寡妇都不如。即使我死了，我还有儿子，儿子生孙子，孙子又生儿子，子子孙孙是无穷无尽的，但是大山不会再变高变大，我还怕不能把它挖平吗？"

自诩聪明的老头，听了愚公的话，竟然不知道怎么回答了。

山神听说了这件事，害怕他们会没完没了地挖下去，于是连忙向天帝报告。天帝被愚公的诚心感动，命令大力神夸娥氏的两个儿子背走了那两座大山，一座放在朔方的东部，一座放在雍州的南部。从此，冀州南北再也没有高山阻隔了。

一名90多岁的老人想要搬走两座大山，乍一听，就知道是不可能达成的目标。但是，从这个故事中，我们看到了愚公的毅力和信心，也看到了他的智慧——愚公并不愚，他清楚地制定要完成大目标所需要的一个个小目标，积少成多，一步一步去实现，而这就是渐进思维。

渐进思维帮助我们把大目标划分为一个一个小目标，通过实现每一个小目标，最终实现大的跨越。

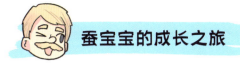# 蚕宝宝的成长之旅

蚕宝宝又叫桑蚕，是一种以桑叶为食的吐丝结茧的昆虫。

桑蚕起源于中国，早在四五千年前，我们的祖先就栽桑养蚕，著名诗人李商隐的诗句"春蚕到死丝方尽，蜡炬成灰泪始干"，讲的就是它。

很多同学都应该养过蚕宝宝，它圆滚滚、白嘟嘟的，可爱极了。李福尔同学也不例外，由于他是第一次养蚕宝宝，着实还闹了点笑话。

李福尔的蚕宝宝刚来到他家的时候，还是散落在桑叶上的小圆点，小小的，很安静。李福尔非常期待新朋友们的到来，每天都跑到箱子前跟它们说话，观察它们的变化。他盼啊盼，蚕卵慢慢从白色变成淡红色，又变成灰紫色，终于，一只只小蚕宝宝破"壳"而出了！

刚出生的蚕宝宝又瘦又小，李福尔赶紧放了很多桑叶，希望它们每一只都吃得饱饱的。

蚕宝宝们也很争气，胃口好极了，很快就把桑叶一扫而光。

渐渐地，它们的身体逐渐从黑褐色变成淡白色，李福尔甚至开心地给它们都起了名字，其中他最喜欢的蚕宝宝叫小虎，李福尔经常给它额外开个小灶。

这天早上，李福尔照例去给蚕宝宝们换新的桑叶，放在往常，蚕宝宝们一准儿会呼啦呼啦地往新桑叶那里爬，可是今天，好多蚕宝宝动作缓慢，看起来似乎对桑叶失去了兴趣。李福尔再看看小虎，天哪！小虎怎么不动了？！轻轻戳一戳也不动。这下李福尔吓坏了，轻轻戳了戳其他几只蚕宝宝，也是一动不动。难道它们都生病了，都死了吗？

李福尔好伤心，赶紧去找妈妈："妈妈，我的蚕宝宝好像要死了……"

妈妈跟着李福尔来到蚕宝宝的小窝前查看，发现蚕宝宝一只只头部昂起，趴在桑叶上一动不动。突然，妈妈笑了起来，说："放心吧，再等一等，你的蚕宝宝会'起死回生'的！"心怀疑虑的李福尔度过了难熬的一晚。

第二天一早，李福尔就迫不及待地跑到蚕宝宝的小窝边，他惊喜地发现，蚕宝宝又一只只生龙活虎了！不过，这是为什么呢？

通过查阅资料，李福尔终于找到了答案，原来蚕宝宝在成长过程中会经历"眠期"，外表看似静止不动，体内却进行着蜕皮的准备，蜕去旧皮之后，蚕宝宝的生长就进入了一个新的阶段。

李福尔在恶补了一番蚕宝宝的饲养知识后，接下来的几次眠期到来时，就不再慌手慌脚了。又过了一阵子，蚕宝宝们开始吐丝结茧，最终蚕蛾破茧而出了。

　　同学们，蚕宝宝们成长为蚕蛾，不是一蹴而就的，而是经历了由卵到幼虫，到蛹，再到成虫的过程。它们的成长是有一定规律的，在一个成长阶段结束后，才能进入下一个成长阶段。这就像我们在用渐进思维思考和解决问题时，要循序渐进，这个"序"，就是顺序，就是规律。

　　一口气吃不成胖子，罗马也不是一天建成的，就算是打游戏，也要通过层层关卡，才能和最后的大 boss 面对面较量。

　　所以，我们在使用渐进思维时，要观察规律，依据规律和从小到大、从易到难、从近及远的原则设定目标，这样，才能离我们的最终目标越来越近，才能胜利在望。

 **善战无奇功**

在围棋界,有一位世界级的顶级高手,名叫李昌镐。他16岁就获得了世界冠军,创下了最年轻的世界冠军纪录,先后23次斩获世界大赛的冠军,真正实现了世界职业围棋比赛"大满贯"。

李昌镐有个别名,叫"胜负师",这跟他下围棋的特点有关。

李昌镐下棋最大的特点,也是最让对手头痛的,就是通盘不求妙手,只追求"半目胜",也就是每手棋只追求51%的胜率。

在围棋术语中,"妙手"就是指那种能够迅速克敌制胜、力挽狂澜的高着,是自古以来很多优秀棋手都在追求的目标,而"半目"只是围棋中的最小胜负。

曹薰铉是李昌镐的师傅，1989年12月，在一次比赛中，师徒二人在前四局以2∶2打成平手。第五局时，李昌镐以半目取胜，结束了比赛，也在围棋界开启了属于自己的辉煌时代。

在围棋盘上，纵横各19条线段将棋盘分成361个交叉点，一盘围棋通常要走200至300手，也就是要下至少200步棋子。当两个水平相当的人开始对弈时，你如何判定哪个人会赢得比赛呢？

只有在一步步的棋中，胜负才逐渐显现，而最终的胜者，很多时候就像李昌镐一样，不求妙手，只求每一步犯最少的错误。这是智慧，也是在使用渐进思维中，我们应该有的心态。《孙子兵法》中的"善战者无赫赫之功，善医者无煌煌之名"，说的就是这个意思。

你明白了吗？

AlphaGo：即阿尔法围棋，是第一个击败人类职业围棋选手、第一个战胜围棋世界冠军的人工智能机器人，它的主工作原理是"深度学习"。

? 题练思维

❶ 桌子上有一杯咖啡和一杯牛奶，咖啡与牛奶的分量相同。先将一勺牛奶放入咖啡中，搅拌均匀，再从咖啡杯中舀一勺放入牛奶杯中，那么现在是咖啡杯子里的牛奶多，还是牛奶杯里的咖啡多呢？

❷ 福尔摩斯和华生二人同时从 A 地向 B 地出发，福尔摩斯每天走 5 千米，华生第一天走 1 千米，第二天走 2 千米，第三天走 3 千米，以此类推，第几天两人可以再次相遇？

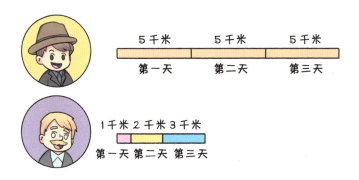

❸ 华生搬入了新公寓，邀请朋友们来做客，并决定亲自下厨做 5 道菜。已知新家有 2 个烤箱，5 道菜的耗时分别为 10 分钟、12 分钟、15 分钟、20 分钟、24 分钟，那么如何安排做这 5 道菜，可以使得总耗时最短？

❹ 围棋的黑白棋子按照白、黑、白、白、白、黑、白、白、白、黑、白、白、白、黑……这样的顺序进行排列,那么排到第60枚棋子是什么颜色?

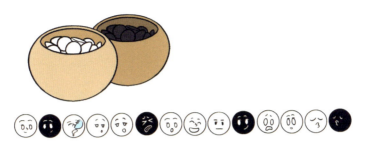

❺ 兔子的速度为10千米/小时,乌龟的速度为1千米/小时,在总长为1千米的比赛中,兔子休息多久,乌龟才会赢得比赛呢?

第七章

高级的思考方法：抽象思维

不知道你有没有玩过"你画我猜"的小游戏？这个游戏的规则是：一个人负责画画，一个人负责猜，两个人都不能说话。负责画画的人需要把自己看到的词语画出来，如果另一个人看到画猜对了，就算胜利。

你可以和几个朋友一起玩这个游戏，看看哪一对组合在规定的时间内猜出的词语最多。如果你曾经玩过这个游戏并感到有些困难的话，就快来学习一下这个思维工具——抽象思维，相信下次再玩这个游戏你一定会游刃有余。

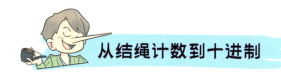

从结绳计数到十进制

原始人嗷呜所在的部落主要依靠打猎来填饱肚子,但是捕猎一只动物不仅需要良好的体力,还需要注意力高度集中。

因为在原始社会,捕猎工具很不发达,人们一不小心就可能丢掉性命,于是食物就变得极其珍贵。

嗷呜会细心地将每一只捕到的猎物放在一个隐秘的山洞里保存起来,然后去抓捕下一只猎物。

每一只猎物对嗷呜和部落来说都至关重要,所以嗷呜为了准确地记住自己捕获了几只猎物,会用石子做记录,一颗石子代表一只猎物。

但是石子带在身上又重又容易丢,于是原始人嗷呜就想了个新办法——每抓到一只猎物就用绳子打一个结,抓到五只就打五个结,绳子还可以绑在身上,总算不会轻易弄丢了。

再后来,山顶洞人啊哈所在的旧石器时代,随着捕猎工具的改进和捕猎经验的增加,依靠在绳子上打结来计数的方法已经很难满足啊哈的需要了。

有没有更简单的方法呢?

受到10根手指的启发,啊哈尝试着用一个圆点代表1,两个圆点并列代表2,三个圆点并列代表3,五个圆点上二下三排列代表5,长圆形代表10。就这样,十进制的思想产生了,计数变得更加方便。

到了商代,十进制系统越发完善,渐渐地,形成了我们现在应用的十进制系统。

从一只只具体的猎物,到一颗颗石子,一个个绳结,再到最后"抽象"成一个符号或者数字，这样的思维演变就是人类逐渐发展出抽象思维的过程，是人类思维一次又一次的飞跃。

所以，抽象思维是一种高级的思维方式，是通过概括和提炼，用简单的方法描述复杂事物的思维方式。

你还能想到哪些应用抽象思维的例子呢？

仓颉造字

相传仓颉是黄帝的史官，主要负责管理牲口和粮食。

为了更准确地记录发生的事情和管理的东西，他尝试过用绳子和贝壳来辅助记忆。发生大事时就用大绳结，小事就用小绳结，绳子上再挂几枚贝壳，完成一件事就拿下一枚贝壳来。在一段时间内，这种方法很有用，所有的物资被管理得井井有条。

但是，随着要管理的东西越来越多，想表达的信息也越来越复杂，贝壳和绳子就不太管用了。比如仓颉要是想记录"我今天穿了一件缝了8片树叶、挂着虎牙的衣服"，这怎么用绳结和贝壳表示呢？

能力超群的仓颉自然不会被这点困难打倒，他开始钻研更好的表达方法。

有一天，他遇到三个老猎手，他们在激烈地争论到底要从哪条路追踪猎物。其中一个老猎手说应该走第二条路，因为路上有老虎的脚印，所以老虎肯定是沿着这条路走了。

灵感来了！

既然老虎的脚印就能代表老虎，那我何不创造出大家都认可的符号，来代表这个东西或者事件呢？

于是，仓颉开始四处观察，模仿天上星星的分布、地上山川和河流脉络的样子、鸟兽鱼虫的踪迹、草木石器的外形，最后创造出了不同的符号，并且确定了每个符号的含义。

就这样，最早的文字就诞生了。

虽然"仓颉造字"只是一个神话传说，但观察我们现在的汉字，依然可以找到早期文字的影子。

　　文字的产生标志着人类进入了文明社会，对文明的交流和传承有着巨大的意义。

　　今天我们能够坐在教室里，从悠久灿烂的传统文化中汲取营养，文字功不可没。复杂的事情用文字来表示，是人类抽象思维的产物，这样看来，抽象思维对我们来说不仅十分重要，而且好处多多呢。

这是什么？

一天早上，小侦探李福尔收拾好装备准备出门，却意外地发现自家大门被装上了一把密码锁。密码锁旁边还贴着一张便笺纸，上面写着：要想打开密码锁，必须输入题目的正确答案。落款是 S.W。

原来是老对手搞的鬼！

没有别的办法，还是先看看题目吧。

题目是这样的：请用两个词语，概括出下列两组数的规律。

1，3，4，6，9，20

1/2，3/5，2/7，1/13，5/21，17/19

只见李福尔略加思索，就自信地在密码锁上输入了答案文字。不出所料，密码锁打开了。

你知道这道题目的答案是什么吗？

谜底马上揭晓

答案就是：整数和分数。

你一定也答对了。那你为什么能总结出它们的规律呢？

因为你已经从课本中学过整数是什么、分数是什么，你的头脑中已经有了整数和分数的"概念"。

"概念"是抽象思维的起点，它以非常简洁的方式告诉人们这个东西、这个事件是什么。比如，说到小狗，你的脑海中肯定就浮现出了长着两只耳朵，身上毛茸茸的，常常伸着舌头，会"汪汪"叫的样子。

小狗，就是概念。

如果没有概念，你每次都要向别人形容一大堆这个动物的特征，既麻烦又低效。

所以，以后如果你想要向别人简洁高效地进行情况说明，不妨试试用"概念"这个抽象思维的工具吧。

白马非马

远在春秋战国时期，在赵国的马匹中一种烈性的传染病正在肆虐。这种传染病十分厉害，染病后不久马就会死去，因此赵国有大批的战马接连死去。为了防止这种传染病的传播，秦国颁布了严格的限制令：凡是来自赵国的马，一律不得进入秦国。

有一天，赵国的公孙龙骑着一匹白色的马来到了秦国国门前。守护国门的士兵依照限制令，拦下了公孙龙，说道："你可以进去，但是你的马不可以。"

公孙龙说："白马不是马，为什么不能进去呢？"

士兵回答："白马是马，当然不能进。"

公孙龙微微一笑，说道："那我叫公孙龙，我是一条龙吗？"

听到这个回答，士兵愣住，满脑子的问号。

公孙龙继续说:"如果你要一匹白马,别人给你送来一匹黄马,那当然不行。所以,既然白马和黄马不是一回事,那么白马就不是马。"

士兵听到公孙龙这样一番高谈阔论,越来越迷糊,无奈之下,只好让公孙龙骑着马进了国门。

小侦探们,你一定没有被公孙龙的诡辩所迷惑对不对?

白马当然是马。

公孙龙之所以迷惑住了守门的士兵,是因为他是抽象思维的大师,巧妙地运用了概念的内涵和外延,也就是概念涵盖的范围。当同一个概念,它的内涵越多,就意味着外延越小。

为了便于理解,我们可以想象一下,学校里一年级的学生,和一年级姓张的学生,后者由于多了"姓张"这个概念,所以外延要比前者小。

回到白马非马这个故事,白马由于增加了"白"这个概念,它的外延也要比"马"小,也就是说,所有的"白马"都涵盖在"马"之中,白马当然还是马。

如果你已经掌握了抽象思维这个工具,那么恭喜你,这也意味着你长大了,越来越成熟了哦。

题练思维

❶ 某日,福尔摩斯决定和华生玩几个思维游戏,于是出了几道题,第一题是:将一张正方形的纸剪成五块,在所有材料都必须用到的情况下,如何做成一个十字的形状?

❷ 第二个游戏题是:在下图中加三条直线,将其变成5个三角形。

❸ "华生,如果将一个正四面体从某个面切割,怎么切可以使得切口为正方形?"

❹ "华生,你知道在日常生活中,做什么事情会出现2+2=2的情况吗?"

❺ 福尔摩斯给华生出的最后一道题是一道数字题，找出下图数字的规律，填上问号处的数字。

第八章

一叶知秋：归纳思维

甜甜圈疑案——归纳思维

俗话说"工欲善其事,必先利其器",这一章我们来了解一下发现问题、解决问题的又一大法宝——归纳思维。

归纳思维也是我们平日里经常会用到的。

例如我们在动物园里,虽然没有看到道路指示牌,只远远地看见高高的网笼,听到叽叽喳喳的鸣叫,但你已经意识到,前方就是百鸟园了。

鸟笼里的小家伙们,羽毛颜色不一,身形大小各异,歌喉更是千差万别,但是由于它们都长着翅膀,你会给它们起一个共同的名字——鸟。

那这个结论是怎么来的呢?

因为鹦鹉长着翅膀,鸽子长着翅膀,黄鹂长着翅膀,鹦鹉、鸽子、黄鹂都是鸟,所以鸟长着翅膀。

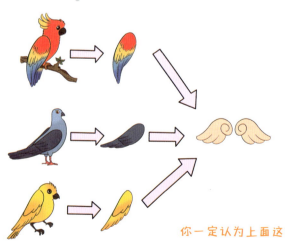

你一定认为上面这个逻辑很简单对不对?

恭喜你,你已经很了不起啦,已经懂得运用归纳思维了。

世界经典思维方式——归纳思维

归纳思维又称作归纳推理,是逻辑思维中一种重要的思维方式。简单地说,归纳思维就是通过许多具体的事例,归纳出它们共有的特点,从而得出一个普遍适用的结论。

下面有一首有趣的打油诗,你能试着分析出这首诗的归纳逻辑吗?

春天不是读书天,

夏日炎炎正好眠,

秋多蚊子冬多雪,

要想读书等明年。

暂停一下,先仔细想一想,再继续阅读哦。

你的归纳逻辑是不是这样的:

前提:

春天不是读书天;

夏天太热了不是读书天;

秋天蚊子多不是读书天;

冬天下雪了也不是读书天。

结论:

今年都不是读书天,读书要等到明年了。

如果你用这个归纳逻辑去跟爸爸妈妈讲,那就要小心被打屁股了哦,因为这个推理的前提就是错误的。

我们都知道如果想要读书,天气是无法阻止你的,所以这首诗的前提就是错误的,从而结论也是错误的。

从这里我们可以看出,归纳思维是一种总结和归纳的推理方式,不过需要注意的是,它得到的结论可不一定靠谱哦。

如果想要用归纳思维来解决问题,那前提必须是正确的。

擅长归纳推理的数学王子

有"数学王子"之称的德国著名数学家高斯读小学时,就表现出了超人的才智。

一次,在一节数学课上,老师给大家出了道题:"1+2+3+…+98+99+100 等于多少?"老师心想,学生们要算出这 100 个数之和,要花不少时间呢。谁知他刚想到这里,高斯就举手回答出了结果:5050。老师惊讶不已,问他怎么这么快就算出了答案。高斯答道:"1+100=101,2+99=101,3+98=101,…,这样到 50+51=101,一共可以得出 50 个 101,用 50 乘以 101 就得出答案了。"听完高斯的解释,老师、同学都赞叹不已。

在这里,高斯就运用了完全归纳推理,即:

1+100=101,

2+99=101,

3+98=101,

……

50+51=101。

所以,100 个数中所有相对应的首尾两数之和都等于 101。

在这个归纳推理中,高斯就是通过断定"1+100,2+99,…,50+51"每个对象都具有"相加等于 101"的属性,归纳推出"100 个数中所有相对应的首尾两数之和都等于 101"这个一般性结论的。

约翰·卡尔·弗里德里希·高斯

正是根据这个结论,高斯很快就算出了结果,显示了他无与伦比的数学天赋。

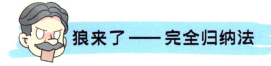

狼来了——完全归纳法

从前,有个放羊的孩子在离森林不太远的地方放羊。同村的村民告诉他,如果有危险情况发生,他只要大声呼救,他们就会来帮他。

有一天,放羊的男孩突发奇想,想和大家开个玩笑。

于是他一边往村子的方向跑,一边拼命地大喊:"狼来了,狼来了!救命啊!狼在吃我的羊!"

善良的村民们听到呼救,放下手中的农活,拿着棍棒和斧头赶过来打狼。可是他们并没有发现狼,只有那放羊的孩子看着他们气喘吁吁的样子捧腹大笑。

他觉得这样挺有趣。

第二天,男孩又喊:"狼来了,狼来了!救命啊!狼在吃我的羊!"人们又赶了过来,在没有看到狼的影子后,纷纷摇了摇头回去了。

第三天,狼真的来了,闯进了羊群,开始吃羊。

男孩惊恐万分,大叫:"救命!救命!狼来了!狼来了!"村民们听到了他的喊声,但认定这次男孩又在耍花招。

没有人理睬他,也没有人再去救他。

结果男孩的羊被狼群吃掉了。

事后,男孩感到非常后悔。他欺骗了朋友和邻居,也失去了自己最心爱的羊。

男孩第一次喊"狼来了",村民来了,发现是假的;

男孩第二次喊"狼来了",村民又来了,发现还是假的;

男孩第三次喊"狼来了",村民认为肯定是假的,没来。

这就是完全归纳法，简单地说，就是把所有的例子都研究一遍，它们共同的特征就是一类事物的特征。

经过前两次被骗经历，村民以"狼来了"是假的作为前提，推断出后来的"狼来了"都是假的。

不过，在我们日常生活中，如果每次的结论都需要用完全归纳法的话，我们将会被琐碎的生活所累，所以我们需要用到另一种归纳方法——不完全归纳法。

秋天来了——不完全归纳法

语文书上有一篇课文,名字叫作《秋天来了》,里面有这样一段话:

秋天凉了,树叶黄了,一片片叶子从树上落下来。天空那么蓝,那么高。一群大雁往南飞,一会儿排成个"人"字,一会儿排成个"一"字。啊!秋天来了!

在这篇课文里,作者已经观察到当秋风乍起、秋叶飘落时,大雁就往南方飞去,从而用归纳法得出每年秋天到了,大雁就会向南方飞去的结论。但是作者并没有把所有的大雁都找到,并且调查一遍确认它们是否在秋天会往南飞。

不完全归纳法在我们的学习和生活中更常用。想想看,我们很难把所有的大雁调查一遍。所以,我们通过了解大雁的共同特点,推理出它们都具有秋天向南飞的特点。这就是不完全归纳法。

题练思维

❶ 白龙马、绿巨人和蓝精灵是好朋友。一天，三个人分别穿着三种颜色的衣服见。绿巨人说："我们三个人今天穿的衣服颜色刚好跟我们的名字有关，但是每个人穿的衣服又和自己的名字颜色不同。我穿的不是蓝色衣服。"

你能推理出三个人分别穿了什么颜色的衣服吗？给他们三个人的衣服涂上你认为对的颜色吧。

❷ 贝克街出现了一起金库盗窃案，警方迟迟无法破案。凶手嚣张挑衅，故意留下线索，只要有人能够将"？"处的数字找出来，凶手就会告知金条的下落。你能找出数字规律，帮助警方找回金条吗？

小提示：观察第一张表格中的数字排列，找出它们之间的规律，数字不能重复，将第二张表格中的数字填写完整。

1	2	3	4
5	6	7	8
9	10	11	12
13	14	15	16

1	3	5	?
9	14	?	12
10	?	12	11
?	6	4	2

③ 观察下面的课程表，你知道有哪几天需要带三本书上课吗？

	星期一	星期二	星期三	星期四	星期五
1	语文	音乐	数学	语文	数学
2	数学	语文	数学	数学	英语
3	英语	体育	语文	语文	音乐
4	美术	数学	英语	英语	语文

④ 哆啦A梦最近对足球产生了极大兴趣，他与大雄、静香、小夫、胖虎等人组成了A小学足球队。在与B小学足球队进行联赛时，取得了9场比赛积15分的成绩。已知胜一场积3分，平一场积1分，负一场积0分。那么请你推算一下，A小学足球队胜、平、负场次共有多少种可能性？

小提示：可以自己动手制作一张联赛积分表，从而更好地进行归纳推理。

⑤ 3030年，世界大乱，复仇者联盟组建了一支全新的队伍，战斗力极强。美国队长集结了10位超级英雄，10人排成一队，逐个报数，报单数的人离开队列准备战斗。报完一轮后重新开始报数。10个人一共需要几轮报数？最后一轮报数时离开队伍的，是最开始排队时的第几位英雄？

第九章

名侦探思考法：分析与综合思维

小侦探们，你们在元宵节会玩灯谜游戏吗？

灯谜又叫文虎，每逢正月十五，人们就会挂起彩灯，燃放焰火，然后聚在一起猜贴在彩灯上的谜语。

在这一章思维之旅开始之前，让我们先来猜一个灯谜吧——十一相逢当碰杯。（打一字）

现在，你猜到是哪个字了吗？如果猜到了，那么恭喜你，你真是一个会用分析和综合思维的小行家。如果还没有猜到，也不用着急，掌握了这一章的思维武器，相信你很快就会有答案了。（答案将在这一章的结尾揭晓。）

 一千个人眼中的一千座山

在课文《桂林山水》中，作家陈淼描述了他眼中桂林的山景和水景，对桂林的山他是这样描述的：

桂林的山真奇啊，一座座拔地而起，各不相连，像老人，像巨象，像骆驼，奇峰罗列，形态万千。

而在作家丰子恺的眼中，桂林的山又是不一样的，丰子恺在散文《桂林的山》中描述到：

初见时，印象很新鲜。那些山都拔地而起，好像西湖的庄子内的石笋，不过形状庞大，这令人想起古画中的远峰，又令人想起"天外三峰削不成"的诗句。

看，在每个人的眼中，同一座山都是不一样的。

虽然你可能没有亲眼见过桂林的山，但是你的家乡应该也有高低各异、景色不同的山。那在你的眼里，山是什么样的呢？

有的同学可能会像作家们一样，从山的形态、高低、景色等各个方面进行描述；

有的同学可能会从山的地理层面进行描述，例如：我家乡的山是以花岗岩作为基底岩，整座山由山形地貌、水系、植被等构成，表面覆盖厚薄不一的黄土和松散岩土……

所以山究竟应该是什么呢？是土、石头、植被和水系的组成，还是我们眼睛看到的高大巍峨的山呢？

其实，无论哪种描述都是对的，其中的差别在于描述山时，大家运用的思维方式不同。

运用分析的思维方式，就会把山拆分成各个组成部分来认识和考察；

运用综合的思维方式，就会把山的各个部分组合起来，当作一个整体来看。

所以，分析与综合的思维方式就像是搭积木，认识每一块积木就是在分析，用各块积木搭出具体的形状就是综合。

你看，是不是一下子变得很简单？

这一块该放在哪？
——做分析小达人

七巧板同学们都玩过吧？这是一种中国传统的民间智力游戏，由五块三角形、一块正方形以及一块平行四边形组成，用七巧板可以拼出 1600 多种图案。当你想用七巧板拼出某种特定的图案，那么就需要用上"分析"这一思维武器了。

荷兰的汉学家、外交官高罗佩在他的一部侦探小说《大唐狄公案》中，塑造了神机妙算巧破案的人物——狄仁杰。

高罗佩　　于右任　　郭沫若　　徐悲鸿

在这部小说的一个案件中，被害人在遇害之时，匆忙地用七巧板留下了一幅未完成的图案，成为破案的关键。如果想要找到害人的凶手，就需要用七巧板拼出一幅猫的图案。同学们，你能帮助狄仁杰破解这个谜题吗？

现在让我们用图中的七巧板，尝试着分析一下（同学们也可以拿出真正的七巧板来拼一拼）。

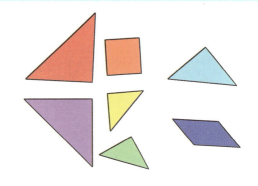

第一步：分析猫的各个组成部分的形状。

先从最简单的形状开始，比如说尾巴，尾巴的形状用三角形和正方形都不太合适，只有平行四边形最贴近。再就是猫的耳朵，尖尖的，小小的，找一找有没有合适的图案？有两块一样的小三角形，做猫的耳朵再合适不过啦！那猫的身子和头又该怎样拼起来呢？

第二步：尝试分析剩余的七巧板如何组合成所需的形状。

除去猫的耳朵和尾巴，我们还剩下四块板，分别是一个正方形，两个大三角形，还有一个中等大小的三角形。通过观察和分析，我们可以发现，猫的脸用三角形无法拼出，只有正方形合适。最后还剩下猫的胸部、背部和屁股，从剩下的三块板中，动手拼一拼吧！

第三步：验证分析结果。

通过剩下三块板的各种尝试与摆放，相信你一定已经拼出猫图案了！看看，是不是和右图中的猫一样？当然啦，这并不是唯一的正确答案，人类的创造思维是无限的，你一定可以创造出更多的猫！

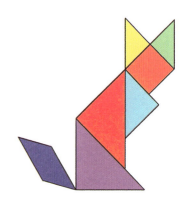

现在让我们来简单总结一下分析思维的步骤,即:

拆分—观察每一部分的特点—验证。

和七巧板类似的游戏,还有拼图。

在 18 世纪的欧洲,人们把一张图片粘贴在硬纸板上,然后将硬纸板剪成一个又一个小碎片,通过再次把碎片拼起来的方式学习地理、历史知识。到了 19 世纪,随着工厂生产技术的逐渐成熟,人们可以大规模地用机器生产拼图,拼图游戏从此风靡全球。

拼图的种类非常多,有单面拼图、双面拼图、立体拼图,还有球形拼图。拼图数量也是从 2 片、4 片、6 片、9 片到几千片的都有,随着片数的增多,拼图的难度逐渐加大。

立体拼图　　　　平面拼图　　　　球形拼图

根据上面的七巧板游戏和你们以往的游戏经验,当拿到一套拼图的时候,你应该从哪些角度分析才能拼得又快又好呢?

好好想一想,不用我说,你们一定能自己找到答案!

 猜灯谜

聊完了分析的思维方式，接下来我们就要体验什么是综合的思维方式了。"分析"和"综合"是紧密联系的，如果分析是河的两岸，那么综合就是连接两岸的桥梁。

我们在本章的开头说到了猜灯谜游戏，其实解灯谜有很多技巧呢，其中一个技巧叫离合法。

汉字有一个特点，就是字中有字。比如"好"字，就是由左半边的"女"字和右半边的"子"字组成的。离合法就是运用了汉字的这个特点，将汉字拆分、组合，从而制作和解灯谜。

现在我们回看一开始留下的那道灯谜：十一相逢当碰杯。（打一字）

十和一相逢的时候能有几种组合方式呢？"土""干""士"还有"丰"，其中只有前三个是汉字。

再来看灯谜后面半句——当碰杯。喝酒的时候，人们经常会碰杯，并说"干杯"。我们把这些特点联系在一起，答案是不是就很明显了？

这个字就是"干"。

在解这道灯谜的时候，我们就运用了综合的思维方式，即用一定的关系，把分析的各个部分串联起来。在综合时，我们可以从逻辑关系入手，也可以从规律入手，还可以从特点入手。

经过本章的学习，相信你离成为一名出色的小侦探更近了。那接下来又到你大展身手的时间了。

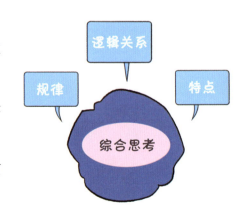

❓ 题练思维

❶ 草上飞。（打一字）

中央一条狗，上下四个口。（打一字）

你争他抢都有份。（打一字）

❷ 托尼每天要剪二三十次头发，为什么他还有长长的头发？（脑筋急转弯）

❸ 悟空问八戒："我用金箍棒砸你的背，你用九齿钉耙拍沙师弟的脸，沙师弟用月牙铲戳我的腿，那么谁最头疼呢？"（脑筋急转弯）

❹ 圆又圆，扁又扁，脊梁上面长只眼。（打一厨房里最常见的生活用品）

❺ 一起来动动手：用七巧板组成衣服的形状；用七巧板组成飞机的形状。（七个板子都要用上哦！如果家里没有七巧板，那先动手用纸做一套七巧板吧！）

第十章

最重要的是整整齐齐：比较与分类思维

小侦探李福尔是一个小书迷，平时最喜欢抱着各种书埋头苦读，也正得益于爱读书的好习惯，在破案时他总能灵活运用各种知识。

不过，李福尔也有一个苦恼，家里的书实在是太多了，桌子上、椅子上、地上、柜子上……目之所及都摆满了书，导致当他想要找某一本书的时候，往往"卖虾的不带秤"——抓瞎。

同学们，你们有什么好办法帮助李福尔整理一下他的书吗？

先不着急说出你的答案，让我们走近本章的思维工具——比较与分类思维，看看能不能给你一些启发。

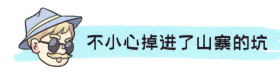

不小心掉进了山寨的坑

春天来了，万物复苏，花香四溢，处处生机盎然。

小学生张豆豆最近特别高兴，因为老师说要在周末组织班里的同学去郊外凤凰山研学旅行。据说那里景色优美，还有很多野生小动物呢。

而更吸引她的是，每次遇到这类活动，妈妈总会多给一些零花钱，让豆豆去买需要带的零食。巧克力、棉花糖、瓜子、薯片，可以一次性吃过瘾了！

豆豆拿着零花钱来到家附近一个新开的小超市，没多久豆豆就选好了一大包喜欢吃的零食，欢天喜地地带回了家。

当天晚上，豆豆就抵挡不住零食的诱惑，打开饮料、掏出零食，舒舒服服地窝在沙发里大快朵颐。

可是，吃完没多久，豆豆的肚子就开始咕噜噜叫，紧接着肚子疼。这到底是哪儿出问题了？

豆豆赶忙检查自己刚吃过的零食。咦？饮料瓶子上的名字有点奇怪，仔细一看，原来不是康师傅，竟是康帅傅！

再看看其他的，粤利粤，大白兔，土力架……

总算是明白了，原来没有好好观察这些食物的名字，自己一不小心掉进了山寨的坑里！

无良的商家让人愤怒，他们利用外形相近的汉字，诱骗粗心的消费者上当。不过，换一个角度想一想，如果在买东西之前，豆豆能多比较比较，是不是就能避免进入山寨的坑呢？

所以，比较思维最常见，也最简单。通过比较，我们知道什么是正品什么是山寨；知道哪本书厚哪本书薄；知道哪个同学个子高，哪个同学跳得远……

比较思维是我们认知这个世界的重要尺度。

巧用比较有步骤

那么我们应该怎样使用比较思维呢？

通过李福尔需要收拾书的事件，我们一步一步来分析看看：

第一步：观察。任何比较都需要我们先仔细观察潜在的比较对象，获得尽可能多的信息。在整理李福尔的书的时候，我们就要先观察他所有的书，从书的数量、种类，到厚薄、大小、颜色……信息收集得越全面，比较起来就越容易。

第二步：分析。分析一下李福尔的书的构成，都有哪些类别，如历史、文学、科普还是故事书等；文字的构成，如中文、英文还是中英对照等。

同时，还需要注意一点，就是确定比较域。简单来说，就是确定比较物体间至少存在一个方面的共同点。李福尔的书，最大的共同点就是它们都是书，自然可以进行比较。但李福尔的书和李福尔的宠物狗，它们不存在共同点，所以就不能放在一起比较了。

第三步：比较。经过前面的细致观察和分析，我们就可以利用得到的信息开始比较了。我们可以比较一下，李福尔的书，哪些书是很厚的大开本，哪些书是英文原版书……

接下来我们再看一个小故事，为下一步的分类做准备。

国王与画家

曾经,有一位非常喜欢画画的国王。虽然他画得很不错,不过水平始终赶不上当时的大画家皮耶罗。

有一天,这位国王找皮耶罗到宫殿里一起画画,画好后,国王问:"咱俩画得都很棒,假如一定要比较一下,谁的画更好呢?"

皮耶罗一听,冷汗都下来了。他在心里嘀咕:哎呀!如果说我的画好,那就是"藐视国王",肯定受罚;如果我说国王的画好,那就是欺骗了国王,同样会被责罚。这可怎么办才好……

皮耶罗毕竟是见多识广的大画家,他很快冷静下来,仔细想了想,回答道:"我画的画,在百姓中是第一;您的画,在国王中是第一。"

国王听后，心花怒放，大大地奖励了皮耶罗。

在这个故事里，皮耶罗巧妙地运用了分类的思维方式：他把自己和国王巧妙地分在了不同的类别，即分为"百姓"和"国王"两个类别，不同类别的事物自然就没有可比性，也就是我们上面所说的"比较域不同"，那他也就不用把自己的画和国王的画进行比较，从而巧妙地化解了这个难题。

通过这个故事，我们可以看出，分类思维是以比较思维为基础的，根据事物不同的特点，从而分成不同种类的思维方式。

再通俗一点来说，就是给相同的一堆东西起一个名字。

你看，是不是很简单？

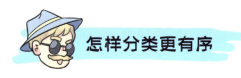

怎样分类更有序

了解了分类思维，接下来让我们一起继续帮助李福尔整理书籍吧。

第一步：建立类别。也就是确定按照什么样的分类标准进行分类。李福尔作为一名小侦探，他最多的书就是学科类的，比如物理、历史、心理学等。所以，我们以学科作为分类标准，把他的书进行第一步分类。

第二步：判断类别。就是根据书名、内容来判断《有趣的数学》《中国简史》等书属于哪一类学科。

第三步：细化类别。因为李福尔的书实在太多了，按照学科分完类别后，查找起来依然很费劲。所以，我们可以在同一个学科内，继续细分，把李福尔的历史书按照出版时间、历史时期等标准进行再次分类。

你真棒！在你的帮助下，小侦探李福尔终于把所有的书都梳理清楚了。而通过比较和分类，不仅让房间从杂乱变得有序，更让李福尔的知识体系从混乱变得系统，这也正是比较和分类思维的力量。

我们现在所处的时代是信息化时代，接触到的知识也不只是课本上的知识。见多识广是我们的优势，也是我们的负担，因为庞杂海量的信息，时常让我们感到混乱。

在掌握了比较与分类这种思维方式后，你一定能更好地处理接收到的信息，就像大侦探福尔摩斯一样，在你们的小脑袋里建立起自己的知识宫殿。

亲爱的同学们，我们的故事就到这里啦。现在，你们已经掌握了 10 种非常实用的逻辑思维方式，接下来，将它们多多运用到学习和生活中去，感受逻辑思维带来的奇妙变化吧！

未来已来，将至已至，你们的青春可期。

题练思维

❶ 美国队长即将退休，现在钢铁侠、蜘蛛侠、鹰眼、绿巨人和星爵五人将竞争产生新的复仇者联盟队长，每两人进行一轮比赛，那么一共将进行多少场比赛呢？（不要将它看作数学题哦，试着用比较思维来连线或标注吧。）

❷ 下面三组形状，均有一个与同行中其他不属于同一类型，你可以找出来吗？

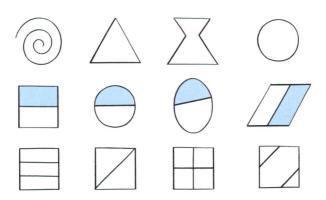

③ 想象你面前有一枚骰子,当前骰子6点朝上,2点朝前,将骰子向前滚三面,再向右滚一面,那么将是哪面朝上?

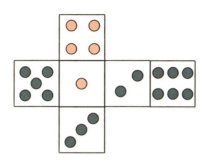

④ 你们的暑假作业有语文、数学、英语三门,如果想要每天做一门作业,相邻两天不做相同学科的作业,那么5天中你们做作业有多少种组合方式?

⑤ 观察以下四个图形,哪两个图形可以按规律分为一类呢?

第一章

① 每当出现"燕子低飞,蛇爬出洞穴,蚂蚁搬家,乌云密布"这些现象的时候,我们就知道快要下雨了,赶紧回家收衣服喽!

② 清水里加入食盐并搅拌,鸡蛋会渐渐浮到水面上。原因是水的密度随着食盐的加入而增大,随之鸡蛋受到的浮力也增大,所以鸡蛋可以浮起来。

③ 因为楼高,所以伸手仿佛就能摘下星星。而又因为楼高和声音大这两个条件,害怕惊醒了天上住的神仙。

④ 我们知道吃了发霉的花生使这些动物致癌而死。在进一步思考并搜集信息后发现,发霉的花生含有致癌物质——黄曲霉素,从而得出结论——黄曲霉素令这些动物致癌而死。

⑤ 按照每个人的口供进行因果分析,最终得出结论 C 是罪犯。

第二章

⭐ 因为胖虎是本次考试的监考老师。

同学们一定要打破脑中的固有思维,避免跳入别人给你设置的思维陷阱哦。胖虎已经长大成人,而且成了一名老师喽。

⭐ 缺衣少食(没有1和10)。

⭐ 第一步:5升桶水灌满,并将水全部倒入6升桶中;第二步:将5升桶灌满,并将水倒入6升桶,至6升桶满,此时5升桶剩余水量为4升;第三步:6升桶水全部倒掉,5升桶内的水倒入6升桶中,此时6升桶内水是4升;第四步:再次把5升桶灌满,5升桶内的水倒入6升桶内至其满,此时5升桶内剩余的水为3升。

⭐ 曲曲折折的荷塘上面,弥望的是田田的叶子。叶子出水很高,像亭亭的舞女的裙。层层的叶子中间,零星地点缀着些白花,有袅娜地开着的,有羞涩地打着朵儿的;正如一粒粒的明珠,又如碧天里的星星,又如刚出浴的美人。微风过处,送来缕缕清香,仿佛远处高楼上渺茫的歌声似的。(节选自朱自清《荷塘月色》,本答案仅作为参考,同学们尽情发挥创造思维吧!)

⭐ 这个选段的蓝本为英国小说家威廉·萨默塞特·毛姆所创作的著名文学作品《月亮与六便士》,文中的男主角抛弃了原本舒适安稳的生活,仅仅是为了可以自由地画画。虽然他的绘画在当时并不被世人认可,不过这丝毫不影响他创作的热情,最终他选择奔赴南太平洋的塔希提岛,用画笔谱写出自己光辉灿烂的生命,把生命的价值全部注入绚烂的画布中的故事。(同学们,我们还可以运用创造思维,为男主角创造更多的人生可能哦。)

第三章

❋ 这两幅图画在大面积上是一致的,在相同中寻找细节的不同,本身就是训练过滤思维的一个过程。

❋ 青岛。首先,要选择沿海城市,那么重庆、南京被过滤掉。其次,要选择北方的城市,上海、广州被过滤掉。最终符合条件的城市就是青岛啦。

❋ 林黛玉。此题为最经典的过滤思维题目,注意不要因为题目中的"大"和"二"而掉入陷阱。

❋ 只要一次。混合的豆子一分为二时,每份都100颗,所以A堆黄豆=100-B堆黄豆,B堆绿豆=100-A堆绿豆。

❋ 通过过滤数字1~9,得到当★=2的时候,等式成立。

第四章

1 爸爸对小福尔摩斯说："这样吧，爸爸来给你做作业，不过需要你认真检查一下。"爸爸做完作业后，小福尔摩斯认真地开始检查作业，奇怪的是，为什么爸爸做的题有好多错误呢？其实爸爸故意将题目做错，让小福尔摩斯在检查作业的过程中不知不觉重新做了一遍作业。小福尔摩斯就这么乖乖地进入了爸爸的逆向思维"圈套"。这个小绝招你学会了吗？看待问题尝试从另一个角度切入，或许会有不错的收获哦。

2 3胜1负。根据其他班级的成绩，可以推出五班与其他班级的战绩分别为：

胜一班，胜二班，胜三班，负四班。

3 因为警长的目的地已经排除了广西桂林和安徽黄山，那么他去的只有云南丽江；福尔摩斯和华生去的就是广西桂林和安徽黄山；华生的目的地排除了安徽黄山，所以他去的是广西桂林；那么福尔摩斯去的就是安徽黄山了。

4 邻居说，晴天时你大儿子的布可以快速晾干，而雨天时你小儿子的雨伞生意又会很好，你有什么不开心的呢？

5 B捡到的。因为三个人都在场，C的"我也不知道是谁捡到的"是假的，所以不是C捡到的。那么B说的"也不是C"为真，则前半句"不是我"是假的。

第五章

☆ B。① 假设说假话的是钢铁侠，则钢铁侠不是 A 型，绿巨人是 O 型，美国队长是 AB 型，黑豹不是 AB 型，由四人血型不同可推出，钢铁侠是 B 型，黑豹是 A 型。② 假设说假话的是绿巨人，则绿巨人不是 O 型，钢铁侠是 A 型，美国队长是 AB 型，黑豹不是 AB 型，则黑豹是 O 型，绿巨人是 B 型。③ 假设说假话的是美国队长，则钢铁侠是 A 型，绿巨人是 O 型，美国队长和黑豹都不是 AB 型，则没有人是 AB 型，与四人血型不同矛盾。④ 假设说假话的是黑豹，则美国队长和黑豹都是 AB 型，与四人血型不同矛盾。因此，说假话的只能是钢铁侠或绿巨人，如果美国队长和黑豹说假话，则不能推出四个人的血型情况。只有答案 B 符合结果。

☆ 每层 3 个立方体上下错落摆放。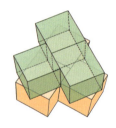

☆ 天平两边先各放 4 个，如平衡，则不同的小球在剩下的 5 个球中，相同方法继续；如各放 4 个小球时天平不平衡，则不同的小球在此 8 个小球中，以另外 5 个小球作为基准，就可以轻松找出。

☆ 37。仔细观察，上面一组数字中，第一个数字 × 第二个数字 + 第三个数字 = 下面所对应的数字。

即：$2×8+3=19$　　$5×6+8=38$　　$4×7+9=37$

☆ 将"141"中后面的"1"移动到等式左侧，构成 $11+1+1+1=14$。

第六章

1 咖啡杯里的牛奶多。

因为在第二次舀一勺咖啡倒入牛奶时,咖啡中含牛奶,所以这一勺净咖啡量少于第一勺的净牛奶量。

2 第 9 天相遇。

设第 x 天相遇,福尔摩斯走了 $5x$ 千米,华生走了 $x\times(x+1)/2$ 千米,解得 $x=9$,所以他们在第 9 天相遇,相遇时都走了 45 千米。

3 想让总时间最短,那么就需要让等待时间变短。先做时间短的菜品,A 烤箱先做 10 分钟的菜,再做 12 分钟的菜,最后做 20 分钟的菜。B 烤箱先做 15 分钟的菜,再做 24 分钟的菜。这样一共需要 42 分钟,总用时最短。

4 白色。

通过观察找出规律,将"白黑白白"视为一组,第 60 枚棋子恰好为 15 组无余数,所以第 60 枚棋子为白色。

5 54 分钟。

兔子跑完 1 千米需要 6 分钟,乌龟则需要 1 小时。所以兔子需要休息至少 54 分钟,乌龟才能赢得比赛的胜利。

第七章

✦ 正方形去四个角剩下一个十字架。

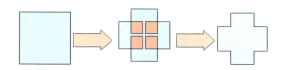

✦ 如下图，可以数出 5 个三角形。

✦ 按照下图中红色区域进行切割，即可形成正方形的切口。

✦ 穿裤子的情况。2 条腿 +2 条腿的裤子 =2 条穿裤子的腿。

✦ 问号处的数字是 18。

每行最右侧的数字为左侧两数字各减 1 的数字乘积。

验证如下：

（5-1）×（4-1）=12

（6-1）×（2-1）=5

（4-1）×（7-1）=18

第八章

⭐ 绿巨人穿白衣服，蓝精灵穿绿衣服，白龙马穿蓝衣服。绿巨人作为突破口，绿巨人不是穿蓝衣服的人，而且不能穿绿衣服，所以他只能穿白衣服。确定了绿巨人穿白衣服，蓝精灵与白龙马穿的衣服颜色是蓝绿衣服中与自己姓氏不同的颜色。

⭐

1	3	5	7
9	14	7	12
10	9	12	11
8	6	4	2

通过观察表一可以得出规律：每一列中第一行与第四行数字之和等于第二行与第三行数字之和，所以可以根据此规律轻松计算出表二中空缺的数字。

⭐ 星期二、星期三、星期四需要带三本书。本题适用完全归纳法。通过课程表可以完全归纳出星期三、星期四有三门课程，星期一、星期二、星期五有四门课程。但这里需要同学们联系一下生活实际，体育课一般是没有课本的，所以虽然星期二有四门不同的课程，但是只需要带三本书。

⭐ 共有3种可能性，分别为：5胜0平4负，4胜3平2负，3胜6平0负。本题运用完全归纳法的逆向思维。该球队的得分为15分，进行比赛数为9场。要达成这两个条件，胜利场次不能高于5场，将1至5的胜利场数分别代入得到平局场次和失利场次。当胜利场次为2场时，需要平局为9场，此时的比赛场次已大于9场，不符合题意，所以完全归纳出胜利场次为5、4、3时，分别计算出该球队的胜、平、负关系。

⭐ 共3轮报数，是最开始排队的第8个人。本题适用完全归纳法，每次标记单数者离开，经过3次报数，最后一轮报数时离开队伍的，是最开始排队时的第8位英雄。

第九章

✿ 早；器；人（"你"和"他"字都有的部分，就是人字旁）。

✿ 因为托尼是理发师，需要给客人剪头发。这里需要同学们跳出惯性思维的局限，要全面综合地去分析问题。

✿ 师父最头疼。

✿ 锅盖。

✿ 形似即可，无标准答案。

第十章

✡ 可以根据对阵，制作对阵表：

第一位选手钢铁侠将面对蜘蛛侠、鹰眼、绿巨人和星爵；

第二位选手蜘蛛侠已经与钢铁侠对阵完成，将面对鹰眼、绿巨人和星爵；

第三位选手鹰眼还需对阵绿巨人与星爵；

第四位选手绿巨人还需与星爵进行对阵。

按顺序对每位选手的比赛进行汇总，得到最终一共将进行 10 场比赛。

✡ 第一行：左数第一个。

除这个外，其他三个形状都是封闭的。

第二行：左数第三个。

除这个外，其他形状黑白部分相等。

第三行：右数第一个。

除这个外，其他形状都被均分。

✡ 4 点朝上。

同学们根据骰子的分布图，在脑海中模拟骰子滚动过程中各面的数字变化。如果家里有骰子，也可以实际演示一遍，检验自己脑中的模拟过程是否正确。

✡ 共 48 种组合方式。

按照分类思维进行排序，第 1 天可以安排三门学科中的任意一科，根据要求，相邻两天不安排相同学科，所以第 2、第 3、第 4、第 5 天均只有 2 种选择。

所以共有 3×2×2×2×2=48 种组合方式。

✿ ①④可分为一类，其阴影面积相等，且阴影部分与大的形状为同一类。

①图外形为正方形，两部分阴影均为正方形。同理，④均为三角形。

②③图阴影部分与外形无直接关联。